Jules-Émile Planchon

L'eucalyptus globulus

Au point de vue botanique, économique et médical

ISBN : 978-1544004860

10 9 8 7 6 5 4 3 2 1

Jules-Émile Planchon

L'eucalyptus globulus

Au point de vue botanique, économique et médical

Table de Matières

Introduction

Dans ces parterres à décoration mobile qui sont un des récents attraits de Paris, à Monceaux, au Luxembourg, dans les *squares*, le promeneur a pu remarquer un arbuste étrange de forme et de couleur. On le dirait poudré à blanc ou plutôt enduit d'un vernis cireux d'une teinte glauque à reflets bleuâtres ; tout le long |de la tige droite et raide s'étagent sur quatre rangs croisés des rameaux flexibles, horizontalement étalés et garnis de feuilles ovales, entières, opposées et sessiles, c'est-à-dire reposant directement sur le rameau par leurs bases arrondies. Réduit à ces proportions de 5 ou 6 mètres, l'*eucalyptus globulus* n'est, à vrai dire, qu'un joujou de plus parmi les singularités horticoles. Il est sorti d'une orangerie et doit y rentrer aux premiers froids ; le plus souvent même on le sacrifiera sans pitié à de jeunes remplaçons ; qui, nés au printemps, élevés à l'air libre durant l'été, rentrés en serre l'hiver suivant, plantés après les froids en pleine pelouse, profitant avec une étonnante rapidité des chaleurs de l'été parisien, parcourent jusqu'à la fin de l'automne le cycle de leur période *infantile*. Ainsi le climat inclément et le caprice de l'homme enferment dans ce terme de deux ans et dans les proportions d'un arbuste les destinées séculaires et les dimensions colossales d'un des géants de la végétation du globe.

C'est dans sa patrie australienne qu'il faudrait voir l'eucalyptus à l'état d'arbre géant ; mais déjà le climat de l'oranger nous le montre, en Europe même, doué d'une rapidité de croissance que rien n'égale. Partout où, dans notre hémisphère, l'hiver n'est qu'un heureux compromis entre l'automne prolongé et le printemps anticipé, les plantes de l'Australie, fidèles à leurs habitudes natives, poussent et fleurissent de préférence dans la période d'octobre à mars : l'eucalyptus en particulier transporté sous le ciel d'Algérie, de la Corse, des stations d'hiver de la Provence et de Nice, s'y développe d'une manière presque continue avec une vigueur merveilleuse, introduit un élément pittoresque dans le paysage de la région et promet d'être une source précieuse de richesse forestière. Il contribue déjà à l'assainissement des marais, verse dans l'air des effluves balsamiques dont l'hygiène fait son profit, s'annonce même comme un agent plus direct contre les fièvres intermittentes, constitue en somme l'importation la plus utile peut-être de notre siècle en fait

Jules-Émile Planchon

d'arbres exotiques de grande culture. A tous ces titres, l'attention publique est tournée vers ce sujet : en l'abordant à notre tour, en l'envisageant comme de juste au point de vue utilitaire, nous essaierons pourtant d'en mettre en relief le côté scientifique, qui présente sous divers aspects un intérêt exceptionnel.

Section I

Et d'abord ce vaste genre *eucalyptus*, riche de plus de 150 espèces, est un des types qui portent le mieux le cachet de l'Australie, c'est-à-dire de la contrée la plus originale du monde quant aux productions naturelles. Le pays où les cygnes sont noirs, où des mammifères comme l'ornithorhynque et l'échidné confinent aux vertébrés ovipares, est aussi la région végétale dont l'abbé Correa de Serra, de spirituelle mémoire, disait en riant : « Flore au bal masqué ! » Bien des plantes semblent en effet y porter un masque, tant elles dissimulent sous des traits d'emprunt les preuves de leur réelle parenté. Ici ce sont les protéacées (*dryandra*) qui revêtent l'apparence de fougères, là des légions d'*acacia* qui, loin de montrer le feuillage élégamment découpé des *mimosées*, prennent l'aspect de genévriers ou de saules. Les eucalyptus n'échappent point à cette tendance vers la mimique d'autres formes, et, chose étrange, la même espèce change de figure suivant l'âge, offrant au plus haut degré un phénomène d'*hétéromorphisme* dont les exemples sont fréquents, et dont la portée philosophique au point de vue de l'espèce n'est peut-être pas encore appréciée à sa valeur.

Dans le jeune âge, nous l'avons vu, l'*eucalyptus globulus* a des feuilles opposées, sessiles et glauques : on dirait une myrtacée ou bien un mille-pertuis frutescent ; mais l'arbuste se fait arbre, et dès lors tout son aspect est changé. De nouveaux rameaux s'élancent, non plus opposés, mais alternes ; les nouvelles feuilles, alternes aussi, ne sont plus ovales, elles sont allongées et courbées en faux ; elles ne sont plus glauques, mais d'un vert pâle ; au lieu d'être sessiles, elles se balancent au gré du vent sur de grêles pétioles ; le *facies*, de *myrtoïde* qu'il était, est devenu celui d'un saule, tendance fréquente chez les arbres de la région australienne tout entière, et qui imprime aux formes végétales des familles les plus diverses une teinte générale de monotone uniformité. Frondaison grêle, claire, pâle, pleureuse, quant à la direction des rameaux, sèche et souvent coriace comme texture, tamisant abondamment la lumière, mélancolique en somme dès que l'éclat des fleurs vient à lui faire défaut : tel est le caractère bien connu de cette végétation arborescente, dont les *acacia* et les *eucalyptus* par leur nombre et leur fréquence constituent le fonds principal.

L'*eucalyptus globulus* se présente sous deux aspects bien tranchés. La forme *infantile*, où les feuilles sont opposées et sessiles, est en quelque sorte un état de *larve*, c'est l'âge où la plante n'est pas encore apte à fleurir ; l'état *adulte*, où les feuilles sont alternes ou pétiolées, est en même temps l'état parfait, caractérisé par la présence des fleurs et des fruits. Il ne faudrait pourtant pas, en abusant des analogies, comparer ce dimorphisme de l'*eucalyptus* aux métamorphoses que subissent les insectes, à celle par exemple qui fait passer le même lépidoptère par les formes de chenille, de chrysalide et de papillon. Dans ce dernier cas, c'est l'individu lui-même qui se dépouille d'enveloppes successives et se montre avec des formes nouvelles, résultat d'un travail interne et de modifications des mêmes organes ; chez l'*eucalyptus*, il n'y a pas, à vrai dire, de métamorphose, on constate seulement l'apparition de nouveaux organes surajoutés aux anciens : pour mieux dire, l'arbre représentant non pas un individu, mais un assemblage d'éléments foliaires (les *phytons* de Gaudichaud) [1], chacun de ces éléments successifs peut avoir sa forme propre, indépendante de la forme des éléments qui l'ont précédé ou qui le suivront. Les rapports ou les différences de ces éléments n'en altèrent pas l'individualité propre : en un mot, il y a là *polymorphisme* successif et non métamorphose dans le sens primitif du mot.

Ce polymorphisme n'est pas du reste un caractère général des eucalyptus. Il fait défaut dans une certaine mesure chez les espèces qui, comme l'*eucalyptus cordata*, fleurissent sur des rameaux à feuilles toutes opposées. Ici l'état adulte et l'état *infantile* se confondent, et, sans vouloir établir d'assimilation trop étroite entre des animaux à fonctions centralisées et des plantes à éléments multiples, il est permis peut-être de comparer la forme *infantile* et la forme adulte des eucalyptus dimorphes aux deux états de têtard et d'adulte des batraciens ordinaires (grenouilles, salamandres), tandis que les eucalyptus fructifiant sur leurs rameaux à type infantile seraient analogues aux batraciens dits *pérennibranches* (protée par exemple) qui se reproduisent sexuellement tout en gardant les caractères de larves à respiration branchiale.

Quoi qu'il en soit de cette assimilation générale, le fait saillant, c'est l'existence de deux états de frondaison chez certains eucalyptus, d'un seul état chez quelques autres. Que, par des causes dont on ne peut prévoir l'action, un eucalyptus de ce premier groupe vienne à fructifier sur ses rameaux de premier âge, rien ne dit que les graines de ces fruits ne reproduiront pas en germant les caractères des rameaux dont elles dérivent, et que la nature n'aura pas ainsi formé par une simple variation de feuillage devenue fixe à peu près l'équivalent de ce qu'on décrit tous les jours comme des espèces. En d'autres termes, si l'on trouvait normalement fructifies les rameaux habituellement stériles d'un *eucalyptus globulus*, n'aurait-on pas sous les yeux une forme nouvelle du type qui, rencontrée isolément et sans connexion avec son point de départ, serait naturellement décrite comme espèce véritable ? Et qui nous assure que bien des espèces données comme bonnes, acceptées pour telles, ne sont pas ainsi les dérivés de types actuellement vivants ou de types antérieurs ? Ce n'est là sans doute qu'une hypothèse, mais le polymorphisme naturel qu'on observe dans les éléments similaires d'une même plante pourrait bien représenter fixées sur la plante même les variations qui dans d'autres circonstances se détacheraient, s'isoleraient, et vivraient à part en gardant par la génération une certaine fixité.

Je ne prétends pas résoudre ainsi le problème si complexe de l'espèce ; cependant j'y trouve un argument de tendance, sinon de fait, en faveur de la théorie générale de la dérivation, opposée à la théorie de la fixité absolue des types et des créations successives par une sorte de miracle répété ; mais quittons ces régions un peu nébuleuses de la spéculation philosophique, et descendons sur le terrain des faits qui concernent l'*eucalyptus globulus*.

La découverte de cet arbre rappelle un des grands voyages scientifiques dont l'ancienne marine française nous a légué la glorieuse tradition. Depuis 1788, on n'avait plus de nouvelles de La Pérouse. Justement émue et toujours ouverte aux pensées généreuses, l'assemblée nationale en 1791 résolut de faire rechercher les traces de l'infortuné navigateur, et confia cette mission au chevalier d'Entrecasteaux, marin de la bonne école, digne élève du bailli de Suffren. Les deux navires la *Recherche* et l'*Espérance* emportèrent un groupe de savants, notamment, à titre de naturalistes, les botanistes Labillardière et Riche. Ce dernier mourut des fatigues du voyage et des chagrins causés par la perte de ses collections ; le second, déjà connu avant son départ par un intéressant voyage en Syrie, rapporta des terres australes et surtout de l'île Van-Diemen de précieux matériaux dont il fit la base de publications importantes. C'est dans sa relation de voyage que se trouvent et les détails de la découverte de l'eucalyptus, et la preuve qu'il avait su pressentir avec une rare sagacité les services qu'un tel arbre pouvait rendre un jour comme bois de construction navale. Ici nous puiserons quelques citations dans le journal du naturaliste.

« 12 mai 1792. — (L'expédition était alors dans le port d'Entrecasteaux, au fond de la *Baie des Tempêtes* sur la terre de Diemen.) Je n'avais pu me procurer encore les fleurs d'une nouvelle espèce d'*eucalyptus* remarquable par son fruit, qui ressemble assez à un bouton d'habit [2]. Cet arbre, un des plus élevés de la nature, puisqu'il y en a d'un demi-hectomètre, ne porte des fleurs que vers son extrémité. Le tronc est propre aux constructions navales et pourrait servir à la mâture, quoiqu'il ne soit pas aussi léger ni aussi élastique que le pin. Peut-être serait-il avantageux d'en faire des mâts de plusieurs pièces, et même de creuser ces gros troncs dans toute leur longueur pour leur donner plus de légèreté, en les fortifiant par des cercles en fer… Il nous fallut abattre un de ces arbres pour en avoir des fleurs ; comme il était très penché, il tomba assez vite. Le soleil était alors très brillant, la sève montait avec abondance, et, au moment de la chute, elle sortit en grande quantité du milieu de la partie inférieure du tronc.

« Ce bel arbre, de la famille des myrtes, est recouvert d'une écorce assez lisse : les branches se contournent un peu en s'élevant ; elles sont garnies à leurs extrémités de feuilles alternes, légèrement arquées, longues d'environ 2 décimètres sur 1/2 décimètre de large. Les fleurs sont solitaires et partent de l'aisselle des feuilles [3]. L'écorce, les feuilles et les fruits sont des aromates qui pourraient être employés dans les usages économiques à défaut de ceux que les Moluques nous ont longtemps fournis exclusivement. »

Jules-Émile Planchon

Labillardière constate encore que le bois d'*eucalyptus globulus* servit aux réparations de la chaloupe du bord, emploi bien modeste sans doute, mais qui n'en est pas moins le prélude des applications en grand que les Anglo-Australiens en font aujourd'hui dans la construction des navires.

Pendant longtemps, l'*eucalyptus globulus* demeura pour quelques rares botanistes un objet de pure curiosité. Les jardins botaniques l'eurent même sans le savoir, car je l'ai vu en 1854, dans les serres du Muséum de Paris, sfus le nom d'*eucalyptus glauca*. A la même époque, on en voyait de beaux exemplaires dans l'orangerie de M. Demidof à San-Donato, sous le nom d'*eucalyptus falcata*, et les horticulteurs Cels et Noisette l'avaient cultivé sans s'en douter, le premier en 1822, le second en 1824. Les Anglais eux-mêmes, si riches en plantes australiennes, n'avaient donné à cet arbre aucune importance spéciale comme plante de jardin, par la raison sans doute que, sous sa forme juvénile et glauque, elle ne se distinguait pas assez d'autres eucalyptus très connus comme plantes d'orangerie. En Tasmanie néanmoins, les colons appréciaient et employaient à divers usages leur magnifique *blue gum* ou gommier bleu (c'est le nom qu'ils donnaient au *globulus*) ; mais pour que cette essence forestière, encore confinée dans un coin du monde, pût entrer dans la phase des lointaines colonisations, il fallait un enchaînement de circonstances dont le premier terme remonte à peine à quarante ans : fondation de la colonie de Victoria dans l'Australie méridionale, — éclosion et merveilleux développement d'une grande ville dans cette région naguère déserte, mais où la fièvre de l'or allait préparer la richesse plus sûre et plus morale de l'exploitation des pâturages, — création d'un beau jardin colonial dans cette cité improvisée de Melbourne, enfin et surtout action de deux hommes dont le souvenir doit rester lié aux bienfaits de l'*eucalyptus* partout où cet arbre prospérera comme une source de richesse et de salubrité publiques ; j'ai nommé pour les initiés Ferdinand Mueller et Ramel. Dans l'histoire de la naturalisation lointaine de l'eucalyptus, M. Mueller, c'est le savant qui calcule sûrement l'avenir de l'arbre, qui lui trace son itinéraire et lui prédit sa destinée ; M. Ramel, c'est l'amateur enthousiaste qui s'enrôle corps et âme dans une mission de propagande. Tous deux ont la foi, mais l'un est le prophète, l'autre l'apôtre, et, dans cette noble confrater-

nité de services où les rôles se complètent et se confondent, la re-
connaissance publique ne voudra pas séparer ces deux noms que
l'amitié réunit : on dira Mueller-Ramel, comme nos soldats de
l'armée d'Égypte disaient Monge-Berthollet. Avec ces deux noms
s'ouvre l'histoire de la colonisation de l'eucalyptus, dont nous allons esquisser les circonstances les plus saillantes.

Section II

Une des premières choses que font les Anglais lorsqu'ils s'ins-
tallent sur une terre nouvelle, c'est d'y fonder un jardin colonial.
Ce que nous avons fait à Bourbon, à Pondichéry, à la Guadeloupe,
à Cayenne, à Alger, à Saigon, nos voisins l'ont accompli largement
et splendidement à Calcutta, au Cap, à Sidney, à Ceylan, et, sur une
échelle variée, dans les moindres stations où la politique et le com-
merce leur font prendre pied. De tels jardins deviennent dès leur
fondation un champ d'expériences utiles sur les végétaux du pays
et sur tous ceux que de mutuels échanges permettent de soumettre
à des essais de naturalisation. C'est ainsi que dès 1832 Sidney rece-
vait et cultivait la collection complète des vignes du Luxembourg
et du Jardin des Plantes de Montpellier, préludant ainsi par un essai tout scientifique à l'extension prochaine de cette production du
vin qui, dans la Nouvelle-Galles du sud et surtout dans les colonies
plus méridionales encore de *South-Australia* et de Victoria, cou-
vrait déjà 1,000 hectares en 1861, et promettait à ces régions fa-
vorisées une source nouvelle de richesse [4]. C'est ainsi que les stations britanniques de Darjeeling dans l'Himalaya, d'Ootakamund
dans les Neilgherries, et d'Akgalle dans l'île de Ceylan, annexes de
grands jardins de Calcutta, de Madras et de Peradenia, sont de-
venues les centres de la culture des quinquinas, arbres précieux
que l'Amérique espagnole détruit en les exploitant sans contrôle,
et que l'Angleterre et la Hollande propagent avec méthode en leur
donnant sur les montagnes de l'Inde continentale et de Java une
patrie adoptive aussi clémente et plus sûre que leurs montagnes
natives des Andes. Sans insister davantage sur l'utilité générale de
ces jardins coloniaux, où la botanique se fait l'auxiliaire intelligente
et souvent l'initiatrice trop vite oubliée de toutes les branches de la
culture, on peut trouver dans le jardin botanique de Melbourne un

Jules-Émile Planchon

exemple frappant et vivant de ce genre d'utilité. C'est là que depuis vingt ans affluent comme sujets d'expérience tous les végétaux des régions tempérées du globe, là que se concentre le principal effort des études de la flore australienne tout entière [5]. De là sont parties pour tous les jardins botaniques ou d'acclimatation du monde des masses incalculables de graines, des plantes vivantes, les unes d'intérêt purement scientifique, d'autres destinées à la décoration des jardins, d'autres enfin dont l'importance économique est destinée à s'accroître, à mesure que les essais de culture en auront déterminé nettement les conditions d'existence dans les régions nouvelles où l'homme les a transplantées.

Ici nous devons ouvrir une parenthèse et traiter succinctement la question de la naturalisation des plantes. Acclimatation semble être le mot consacré pour désigner ce changement de patrie que la volonté de l'homme impose aux végétaux non migrateurs. Ce mot, tel qu'il est conçu par le public, tel qu'il est défini par les dictionnaires et par son étymologie, implique une méconnaissance profonde de la nature propre et, si l'on peut dire ainsi, du tempérament des plantes. Les animaux eux-mêmes, bien que l'échelle de résistance d'un certain nombre soit très étendue et que, pour les espèces domestiques, les soins de l'homme combattent dans une certaine mesure les influences d'un climat non approprié à leur nature, les animaux ne s'acclimatent pas individuellement : la sélection seule, spontanée ou artificielle, inconsciente ou raisonnée, peut opérer entre les individus de tempéraments divers un triage tel que les mieux *adaptables* résistent lorsque les autres succombent : alors intervient heureusement la loi de l'hérédité, qui, fixant dans la progéniture des survivants une partie au moins des avantages de *résistance* de leurs ascendants, peut conserver les modifications lentement accumulées du tempérament natif de l'espèce. Ces modifications graduelles, enfermées d'ailleurs le plus souvent en des limites très étroites, se traduisent mieux dans leur résultat final par le mot de naturalisation que par celui d'acclimatation. L'espèce, en se *naturalisant*, se modifie pour s'adapter au milieu nouveau qui l'entoure. Les individus peuvent tout au plus s'aguerrir par l'habitude, en évitant les trop brusques transitions, ce que l'homme fait pour lui-même par le vêtement, par les abris, par les températures artificielles, mais ce que la plante, fixée au sol et passivement exposée aux intempéries, ne saurait évidemment réaliser. Donc, en admettant que l'homme s'acclimate et que, grâce à lui, quelques animaux s'adaptent dans une certaine mesure à des conditions de climat nouvelles pour eux, les végétaux *s'introduisent, se naturalisent*, si l'on veut ; mais cette adaptation, en la supposant réelle, se fait en tout cas lentement, progressivement, par sélection graduée des individus de générations successives, par la création de races ou de variétés locales que l'expérience aura reconnues plus aptes à se plier aux conditions spéciales du climat et du milieu [6]. Une illusion aujourd'hui bien dévoilée a pu faire croire aux jardiniers que des plantes des tropiques s'habituaient à vivre dans les zones tempérées ou froides lorsque, d'abord cultivées en vase et en serre, elles semblaient tout d'un coup pouvoir affronter les rigueurs de la pleine terre et du plein air. Tel fut le cas des *dahlia* du Mexique ; mais on oubliait deux circonstances dans l'appréciation du vrai tempérament de ces plantes : d'abord qu'elles croissent spontanément dans une zone d'altitude relativement tempérée et nullement torride par le climat, puis que la moindre gelée en détruit les parties extérieures, aussi bien aujourd'hui que dans les premières années de leur introduction en Europe. « Acclimatation, douce chimère des jardiniers ! » disait Aubert Du Petit-Thouars, et ce mot d'un botaniste de génie est resté la condamnation irrévocable d'une théorie aussi fausse que spécieuse.

On ne voudrait pas contester à des sociétés justement célèbres le titre de sociétés d'acclimatation qu'elles ont inscrit sur leur drapeau ; mais il y a quelque intérêt à prémunir le public contre l'erreur qui se cache sous une épithète en apparence innocente. C'est grâce à la chimère d'une prétendue adaptation de ce genre que l'on a sérieusement proposé au gouvernement français l'acclimatation du thé et même des quinquinas dans notre colonie algérienne. Il est vrai que l'ignorance a eu sa part dans ces espérances absolument irréalisables : on avait cru pouvoir tout résoudre par des questions de température, tandis que le problème climatologique comprend moins la température absolue ou moyenne que la distribution même de la chaleur suivant les saisons de l'année et surtout que la combinaison de cette chaleur avec l'état hygrométrique de l'air. En tenant compte de cette dernière donnée, on aurait compris que le thé, comme le camélia, comme les azalées de l'Inde, ne craint pas les froids modérés de l'hiver, mais veut absolument des êtes humides ou tout au moins un milieu saturé, pendant les chaleurs, d'une dose de vapeur atmosphérique qui le défende contre le hâle et contre les rayons du soleil : ces conditions se trouvent mieux réalisées dans les climats à pluies d'été et à ciel brumeux de la France occidentale que sous le ciel plus méridional, mais à sécheresse estivale du littoral de la Méditerranée et même des montagnes de l'Algérie, et si le thé ne se cultive pas en grand à Brest ou à Cherbourg, c'est que la chaleur estivale et peut-être d'autres conditions y manquent au développement normal de cet arbuste.

Entre ces deux termes du problème de la naturalisation des plantes, tempérament du sujet à introduire, nature du climat auquel ce sujet doit être soumis, il faut qu'il y ait accord en quelque sorte préalable. Compter sur une modification du climat n'est chose vraie ni en pratique ni en théorie, au moins dans une période restreinte de temps et en dehors de quelques fluctuations passagères ou de quelques modifications dans le tapis végétal de la contrée ; attendre de la plante même un changement de nature est chose plus chimérique encore : la vraie théorie et la vraie pratique, c'est de consulter la nature, de bien étudier les équivalences ou tout au moins les grandes analogies de climat, de présumer en gros les possibilités générales d'une naturalisation donnée, enfin et surtout de faire des expériences pour établir sur des preuves la manière dont tel végétal se comportera sous le climat nouveau, qui doit lui conserver ou lui refuser des conditions normales d'existence. Des problèmes aussi complexes ne se résolvent jamais *a priori* : il y faut tout un ensemble de données dont il est parfois difficile de ne pas négliger quelqu'une, et c'est juste par celle-là qu'avortera la combinaison en apparence la plus assurée.

Au premier abord, il semble que, si les plantes d'une région s'introduisent et se naturalisent facilement dans une autre, la réciproque devrait être vraie, et les plantes de la seconde région se naturaliser dans la première. Rien n'est plus faux néanmoins, et les botanistes en savent bien la raison. Tandis que les plantes sauvages ou cultivées de l'Angleterre se sont introduites en grand nombre en Australie, et y sont passées la plupart à l'état de mauvaises herbes, pas une seule plante australienne ne s'est propagée en Angleterre, en dehors des jardins d'ornement, où la culture les élève par milliers. L'hiver anglais n'est pas assurément le seul obstacle à cette naturalisation des plantes de l'Australie ; il épargnerait au moins celles qui sont annuelles et qui se ressèmeraient de leurs graines ; mais l'obstacle vient moins des circonstances purement climatologiques que des conditions internes, des besoins, des habitudes de chaque plante. Il est des types essentiellement migrateurs, qui se répandent partout où le climat ne leur oppose pas une sorte de veto ; il en est d'autres dont le caractère, si l'on peut hasarder cette métaphore, est essentiellement casanier et sédentaire : les premiers ont des habitudes envahissantes, oppressives même pour la végétation autochtone, les autres, cantonnés en quelques recoins d'une région limitée, sont livrés sans défense aux attaques de l'homme, des animaux importés (chèvres, lapins, etc.), ou même à la concurrence fatale de végétaux étrangers. C'est ainsi que de nos jours quelques genres frutescents de synanthérées ou de malvacées de Sainte-Hélène, absolument spéciaux à cette île, menacent de disparaître par extinction devant la triple influence de l'homme, des chèvres et des acacia de l'Australie.

Pour en revenir de plus près à la naturalisation, M. Alphonse de Candolle y distingue avec raison plusieurs degrés. Au sens le plus absolu, la plante naturalisée doit se maintenir elle-même dans son pays d'adoption, en traverser plusieurs années les crises climatologiques extrêmes, s'y multiplier de ses graines, bref, s'y comporter comme une plante indigène. Toute plante qui, par suite d'importation accidentelle ou répétée, ne fait que traverser un pays sans s'y maintenir est simplement *adventive* ; d'autres, qui se propagent spontanément par drageons, mais non par graines, comme le vernis du Japon, ne sont qu'à demi naturalisées, ou plutôt les individus le sont, mais non l'espèce, car le sceau de la naturalisation comporte justement la multiplication spontanée par les semis successifs. Au-dessous de ces trois degrés, — naturalisation complète, demi-naturalisation, adventivité passagère, — se rangent deux autres catégories : celle des plantes qui suivent l'homme et les animaux domestiques, ne s'éloignant jamais de leur demeure ou de leurs cultures (plantes de décombres, plantes des moissons ; ce sont, à vrai dire, des étrangères admises par privilège au foyer de la domesticité, mais non au banquet de la nature sauvage ; puis les plantes cultivées proprement dites, soit domestiques, soit sauvages, — mais, dans les deux cas, ne vivant en sol étranger que grâce aux soins assidus et nécessaires de l'homme.

Ce dernier cas est jusqu'à présent celui de l'eucalyptus, au moins en ce qui concerne le sud extrême de l'Europe et de l'Afrique septentrionale. L'arbre y est *introduit*, cultivé en grand, adapté d'avance au climat par sa nature, non encore *naturalisé*. Au reste, ces distinctions importent peu lorsque le résultat pratique est le même ; rien ne dit d'ailleurs que ce bel arbre ne se propagera pas un jour spontanément. En attendant, ne pouvant le suivre dans son tour du monde, au cap de Bonne-Espérance, dans la république argentine, en Californie, à Cuba, etc., attachons-nous à tracer l'histoire de sa récente introduction dans la région de notre littoral de la Provence, des Alpes-Maritimes et surtout de l'Afrique française.

Ici nous retrouverons en première ligne les noms de MM. Ferdinand Mueller et Ramel, Allemand de naissance, Anglo-Australien d'adoption ; le premier (baron F. von Mueller) s'est distingué comme voyageur naturaliste par ses longues et fructueuses explorations de la flore de l'Australie. Attaché plus de vingt ans comme directeur au jardin botanique de Melbourne, il a fait de cet établissement le centre d'échange le plus étendu qui soit peut-être pour les plantes des zones tempérées et subtropicales. Collectionneur infatigable, auteur fécond, vulgarisateur habile, il a fait connaître par des ouvrages descriptifs, par des rapports et des énumérations raisonnées, toutes les ressources économiques que l'Australie puisait, grâce à lui, soit dans la végétation indigène, soit dans les jardins botaniques du monde entier ; mais, en homme qui veut donner autant qu'il reçoit, c'est avec une ardeur constante qu'il songe à doter les autres pays des richesses naturelles de l'Australie. Dans cette tâche généreuse, nul ne pouvait mieux le seconder que notre compatriote M. Ramel. Nature ardente, expansive, pleine du zèle qui part d'une foi profonde à l'avenir d'une idée, M. Ramel dut presqu'au hasard de devenir le patron de l'eucalyptus. C'était en 1854 ; venu en Australie comme négociant, il se promenait en curieux dans le jardin botanique de Melbourne, lorsque, dans une allée écartée, il vit un pied de *blue gum (eucalyptus globulus)*, qui le frappa par son élégance et sa beauté. Presque étranger à la botanique, il ne connaissait, dit-il, de cet arbre, ni la figure, ni le nom ; mais dès ce moment ce fut son arbre, son idée fixe ; l'occasion de sa liaison intime avec Mueller, de ses relations constantes avec le Muséum de Paris, la Société d'acclimatation, les jardins, les savants, les amateurs. Il crut à l'eucalyptus comme d'autres croient au triomphe du bien sur la terre ; il vit son arbre bien-aimé couvrant les montagnes de l'Algérie, en assainissant les marais, en chassant la fièvre, y remplaçant par des cigarettes odorantes et salutaires les fumigations stupéfiantes du haschich. Ce rêve d'hier est bien, près à divers égards d'être la réalité d'aujourd'hui, car, cigarettes à part, aucun arbre n'est venu en si peu d'années introduire dans la végétation forestière de l'Algérie un élément aussi pittoresque, aussi utile, aussi plein de promesses pour l'avenir.

Alger possédait du reste l'*eucalyptus globulus* vers 1854, mais c'était sans le savoir et sans connaître le vrai nom de l'arbre. En 1863, parcourant avec M. Hardy la partie du jardin d'essai qui s'élève en pente sur le Sahel, je ramassai sur le sol les boutons d'un arbre déjà fort que je reconnus aisément pour le *globulus* [7]. Dénégation de M. Hardy, affirmation positive de ma part : la chose n'avait pas en elle-même grande importance, sinon qu'elle prouve qu'il est bon d'avoir l'œil ouvert sur le nom vrai des plantes que l'on reçoit. Celle-là provenait probablement de Paris et peut-être du même semis que les pieds cultivés dans les serres du Muséum en 1854 sous le nom d'*eucalyptus glauca*. Pendant que ce pied adulte d'eucalyptus fleurissait obscurément sur la colline, des milliers d'autres de même espèce désignés sous leur vrai nom de *globulus* s'entassaient dans les pépinières du *Hamma* (jardin d'essai) ; les graines envoyées de Melbourne par M. Mueller et apportées par M. Ramel avaient été semées au printemps de 1861 [8]. M. Hardy destinait naturellement ses jeunes sujets à des distributions en grand dans la colonie ; mais les lenteurs calculées de cette émancipation de la plante contrariaient l'impatient désir des amateurs qui l'attendaient pour leurs cultures. Plus heureux que d'autres ou mieux inspiré, un colon sérieux et distingué, M. A. Cordier, sut obtenir directement de M. Ramel, en 1862, 100 graines de l'arbre convoité ; il les sema et en obtint 62 plants, lesquels n'avaient en mai 1863 que 15 centimètres de haut. Au printemps de cette même année 1863, j'envoyai à M. Charles Bourlier 12 pieds d'eucalyptus que m'avait donnés un pépiniériste de Montpellier, M. Hortolès, et ces pieds distribués à des amateurs soigneux, notamment à M. Cordier, prirent un si rapide développement que le désir de posséder un si bel arbre s'en accrut encore. Dès ce moment fut rompu le charme qui retenait prisonniers les jeunes eucalyptus du Hamma ; c'est par centaines d'abord, puis par milliers, que le nouvel arbre prit possession de la terre mauritanienne, et, dans ce *steeple-chase* à l'eucalyptus, M. Cordier sut garder vaillamment la tête par la plantation en massif de plusieurs hectares de la nouvelle essence forestière.

Bientôt après, un autre colon, M. Trottier, fut saisi à son tour de la fièvre de l'eucalyptus (ceci soit dit comme un éloge et sans intention aucune de raillerie) ; il eut aussi la foi et prouva sa foi par ses œuvres : planteur ardent pour lui-même et pour d'autres, il envisagea surtout dans son arbre favori une essence forestière capable d'enrichir un jour notre colonie, et n'hésita pas à prendre pour épigraphe de l'un de ses. écrits ces paroles ambitieuses : « le bois de l'eucalyptus sera le grand produit de l'Algérie. » Poussant plus loin encore la confiance, il vit le désert reculer devant cet arbre colonisateur, et, spéculant sur le fait incontestable que la forêt crée l'humidité et transforme le régime hygrométrique d'une contrée, comptant d'ailleurs sur les nappes d'eau souterraines de cette région à surface aride, il intitula hardiment une autre brochure : *Boisement dans le désert et colonisation.* Qu'il y ait dans cette espérance une part d'illusion et d'utopie, c'est ce que les esprits froids seront naturellement portés à conclure du langage même de l'auteur, langage trop assuré, trop tranchant pour ne pas être un peu suspect ; mais l'enthousiasme a son prix lorsqu'il s'agit de pousser l'opinion publique vers un but utile, et, si quelques mécomptes attendent fatalement les pionniers d'une voie nouvelle, leurs déceptions même servent à rectifier la route au profit des prudents et des timides. Aujourd'hui du reste, si le désert n'est pas près d'être conquis, la cause de l'eucalyptus est à d'autres égards pleinement gagnée. Il a désormais en Algérie ses lettres de grande naturalisation. Il borde triomphalement les voies ferrées, dont il aura vu la naissance et marqué la date ; l'enceinte des jardins ne lui suffit plus depuis longtemps : c'est par centaines de mille qu'il s'implante, en massifs, en avenues, en groupes, en pieds isolés, sur tous les points des trois provinces, et dès à présent l'étranger qui ne serait pas instruit de l'origine exotique de l'eucalyptus pourrait le prendre pour un des arbres indigènes de la région.

Section II

Chose singulière du reste, les deux plantes les plus caractéristiques en apparence du climat et de la flore algérienne sont l'une et l'autre des espèces importées dans le vieux continent depuis la découverte du nouveau : le figuier de l'Inde, l'agave (vulgairement et improprement aloès), sont non-seulement étrangers à l'Afrique, mais ils représentent deux familles exclusivement américaines. Si les documents historiques n'étaient là pour attester l'importation récente de ces deux plantes, les botanistes seuls pourraient la présumer d'après la distribution géographique de leurs familles respectives et d'après ce fait que leur multiplication la plus ordinaire a lieu non par des graines, mais par des boutures ou des drageons.

Si l'eucalyptus, comme l'*agave* et l'*opuntia*, semble fait exprès pour l'Algérie, on ne saurait dire qu'il trouve sûr tout le littoral du nord de la Méditerranée une patrie aussi régulièrement appropriée à ses besoins. Dans le midi de la France, les seuls points où se plaisent et prospèrent les plantes de l'Australie sont ceux où l'oranger végète en plein air sans abris artificiels. Port-Vendres, Collioure dans les Pyrénées-Orientales, Saint-Maudrier, Hyères dans le Var, Cannes, le golfe Jouan, Amibes, Nice, Villefranche, Monaco dans les Alpes-Maritimes, voilà les stations privilégiées où l'hiver est pour mille plantes exotiques la saison de la végétation et des fleurs. En dehors de cette zone bénie, le climat de l'olivier a de ces brusques caprices dont s'accommode difficilement le tempérament de l'*eucalyptus*. La pureté même du ciel y favorise ces gelées de rayonnement qui détruisent en une nuit les espérances de toute une année, sans compter que de loin en loin d'énormes abaissements de température (jusqu'à 17 degrés centigrades à Montpellier) y tuent au ras de terre même les arbustes ou les arbres naturels à la région (lauriers, lauriers-tins, cistes, chênes-kermès) ; aussi la culture en plein air des végétaux australiens à Montpellier, à Marseille, à Narbonne même, est-elle une expérience pleine de transes pour l'amateur qui s'attache à ces pauvres êtres avec le sentiment anxieux d'une véritable paternité. J'ai connu pour ma part ces craintes, j'ai subi ces déceptions pour l'*eucalyptus globulus* dans la période de 1863 à 1870, et de cette longue et pénible expérience j'ai fini par tirer la conclusion que, pour le climat du Languedoc et même de la partie occidentale de la Provence, la culture en plein air de cet arbre ne peut donner que des jouissances temporaires gâtées par les

Jules-Émile Planchon

appréhensions et n'aboutissant jamais à rien de pratique en tant que reboisement ou dessèchement de marais. L'expérience dans ce dernier sens n'est pas faite pour la Camargue, mais il est plus que douteux qu'elle puisse réussir dans une région plate, sans abri, désolée par le mistral et n'offrant dans sa végétation spontanée aucun indice d'un climat plus chaud que celui du littoral de Montpellier. A Marseille même, sur la colline du *Roucas blanc*, où le goût de M. Talabot a su créer à l'ombre protectrice des pins d'Alep et dans les anfractuosités des roches tant d'abris pour les plantes délicates, l'eucalyptus n'est qu'un hôte frileux et dépaysé, superbe et luxuriant dans sa période juvénile, mais auquel manque l'avenir et que menacent les chances du premier hiver exceptionnel.

L'introduction de l'eucalyptus dans la Provence orientale remonte à peu près à 1858. Le jardin des frères Huber à Hyères en possède depuis 1860 le premier pied caractérisé, c'est-à-dire monté en arbre et dressant au sommet d'un gros tronc une cime pyramidale. A la même époque, M. Gustave Thuret d'Antibes en avait un seul exemplaire planté sans abri sur une pelouse, et déjà victorieux de deux hivers, ce qui en fait remonter la plantation à 1858. Des graines reçues de M. Mueller et communiquées par moi à M. Thuret en juin 1860 donnèrent des sujets qui, mis en terre au premier printemps de 1861 et traversant une année de sécheresse excessive, n'en avaient pas moins en janvier 1862 de 2 mètres à 3m,25 de hauteur. Lorsque je vis ces mêmes pieds en novembre 1863, je ne pouvais en croire mes yeux ; c'étaient de vrais arbres, avec de vrais troncs, une ample couronne et des fleurs ! Aujourd'hui la région entière de Cannes à Monaco montre aux voyageurs entre le feuillage pâle des oliviers à troncs séculaires et les vastes parasols des pins d'Italie les rameaux dressés des eucalyptus avec leurs feuilles en faux, frémissant au plus léger souffle et supportant les coups violents et répétés du vent de l'est, l'analogue du mistral, c'est-à-dire le tyran de ces parages.

Voilà donc l'eucalyptus établi, naturalisé, en tout cas comme chez lui en Algérie, et dans la zone des résidences d'hiver du littoral de la Provence et de Nice. Quels avantages peut-on attendre de cette importation récente ? Plusieurs et de divers genres, — les uns évidents, les autres sujets peut-être à quelques réserves, mais justifiés néanmoins par des présomptions assez fortes pour qu'on puisse s'y

arrêter sans craindre de paraître chimérique, de céder à des entraînements irréfléchis ou de se laisser duper par des réclames intéressées. Dans la revue que nous allons faire des usages éprouvés ou
possibles du nouvel arbre, deux points de vue se présentent : d'une
part l'avenir de l'eucalyptus comme essence forestière, d'autre part
son rôle hygiénique dans l'assainissement des marais, son action
curative contre les fièvres ou d'autres maladies, sujet auquel se relie
l'étude succincte des produits aromatiques, dont la médecine, la
parfumerie et jusqu'à l'art du confiseur ont déjà varié les combinaisons.

Section III

Diverses espèces d'*eucalyptus* sont dans leur pays natal des arbres
véritablement gigantesques. « On a mesuré, dit M. F. Mueller, un *eucalyptus colossea*, ou *karri* des indigènes, de près de 122 mètres de
hauteur, des *eucalyptus amygdalina* de 128 et même 145 mètres.
La taille d'un autre individu de la même espèce a été estimée à 500
pieds anglais (152 mètres). Comme termes de comparaison, on
peut citer le dôme des Invalides, haut de 105 mètres, la flèche de la
cathédrale de Strasbourg haute de 142 mètres, enfin la plus grande
pyramide de Chéops, la plus haute construction qui existe, dont la
hauteur est de 146 mètres. Ainsi l'*eucalyptus amygdalina* jetterait
encore de l'ombre sur le sommet de la grande pyramide. » Les plus
hauts des célèbres *séquoia* ou *wellingtonia gigantea*, du district de
Calaveras dans la Sierra-Nevada de Californie, ne mesuraient que
de 76 à 98 mètres. Le plus gros de ces colosses ne dépasse guère
8m, 86 en diamètre, tandis qu'un eucalyptus géant, mesuré en
Tasmanie, n'avait pas moins de 9m,15 de diamètre près du sol et de
3m,66 à la naissance de la première branche, c'est-à-dire à plus de
70 mètres au-dessus du sol, la hauteur totale étant de 91m,50. Par
une estimation approximative, on suppose qu'un tel arbre aurait
pu fournir un poids total de 446,886 kilogrammes de bois [9].

Sans atteindre en général des proportions aussi vastes, l'*eucalyptus globulus* n'en est pas moins un des plus grands arbres forestiers de l'Australie et du monde. Le tronc peut fournir d'immenses
planches dont on a vu des spécimens aux grandes expositions

internationales, une par exemple à l'exposition de Londres de 1862 mesurant 23 mètres de longueur sur 3m,50 de large, avec une épaisseur proportionnée. L'Australie avait voulu envoyer une planche de 51 mètres de long, mais on dut y renoncer faute d'un navire assez grand pour transporter un fardeau si encombrant ; on l'aurait plutôt fait entrer dans la construction même du navire, car la marine anglaise et surtout la marine coloniale de l'Australie commencent à apprécier ce bois au triple point de vue de la solidité, de la ténacité et de la durée. « Les meilleurs baleiniers qui sillonnent les mers de l'Amérique du Sud, écrit M. Ramel, sont ceux d'Hobart-Town ; on en vante les quilles à toute épreuve : elles sont faites avec l'*eucalyptus globulus.* »

Par un privilège aussi rare qu'inattendu, le bois de l'eucalyptus est un de ceux qui combinent la densité de texture avec la rapidité de la croissance. Cette croissance est surtout rapide dans les premières années de la pousse, mais elle conserve assez longtemps ce caractère pour ne s'arrêter dans le sens de la hauteur que vers l'âge de quatre-vingts ans : à partir de ce moment, les troncs, généralement très droits, ne se développent plus qu'en diamètre. Compacte et tenace, le bois d'eucalyptus doit à la présence de matières résineuses une sorte d'incorruptibilité qui lui permet de subir longtemps le contact de l'eau même salée. Il dure également bien dans le sol, à la manière du chêne, et on l'emploie avec avantage aux traverses pour les rails de chemin de fer. La dureté de ce bois le fait rechercher pour les carènes des navires, pour la construction de ponts, de jetées, de viaducs ; comme bois à pilotis il ne le cède qu'au chêne blanc du Canada : s'il ne sert pas plus souvent aux ouvrages de charpente dans les maisons particulières, cela tient à la difficulté de le débiter et de le travailler en petits morceaux ; le prix par pied cubique anglais à Melbourne même variait en 18(50 de 2 fr. 50 cent, à 3 fr. 75 cent., suivant la dimension des pièces. L'estimation de la valeur possible de l'eucalyptus en Algérie, comme essence forestière, est chose difficile, impossible même au sens absolu, et qui ne peut en tout cas se fonder que sur des présomptions approximatives : c'est un problème trop complexe pour être résolu dès à présent avec des données incomplètes. En regard des espérances évidemment trop optimistes de M. Trottier, qui prévoit, pour l'hectare d'eucalyptus planté en massif à raison de 1,000 pieds, un revenu brut de 1,200 francs en cinq ans et de 53,254 francs en vingt-six ans [10], il faut placer les calculs bien plus modestes de M. Cordier, résumés dans la progression suivante : sur 1,000 arbres plantés en massif et exploités par éclaircissements successifs, on peut abattre à cinq ans 500 arbres valant 600 francs, à dix ans 250 arbres valant 1,313 francs, à quinze ans 125 arbres valant 1,473 francs, à vingt ans 60 arbres valant 1,521 francs, à vingt-six ans 60 arbres valant 3,195 francs, soit un total brut de 8,102 francs, ce qui représente pour l'exploitation quinquennale de 1 hectare un revenu annuel de 300 francs environ. S'il y a loin de ce chiffre aux résultats rêvés par l'enthousiasme de certains planteurs, il représente néanmoins un très beau profit et peut largement encourager les colons à la plantation des eucalyptus. D'ailleurs, ajoute M. Cordier, dans ces notes inédites qu'il communiquait à M. Ramel en 1871, le produit des plantations en ligne sera plus considérable que celui des plantations en massif, — à plus forte raison, ajouterions-nous, celui d'arbres isolés venus dans des conditions favorables ; mais on sort alors de la sylviculture, et les calculs se modifient suivant les conditions très variables de la culture de fantaisie.

Sur quelle base M. Trottier a-t-il fondé son estimation de l'accroissement annuel de l'eucalyptus ? Sur la moyenne constatée au Hamma d'un grossissement de tronc d'environ 13 centimètres (en circonférence) par année : comme il s'agit là d'arbres plantés en ligne, M. Trottier croit pouvoir admettre 10 centimètres pour des arbres plantés en massif ; mais il oublie que les 1,000 eucalyptus de 1 hectare ne pourront arriver tous à vingt-six ans sans se nuire les uns aux autres et sans qu'un éclaircissement nécessaire en réduise progressivement le nombre. M. Cordier a tenu compte de ce déficit forcé, d'où la différence de ses résultats, bien qu'il accepte comme bases d'évaluation et la moyenne de croissance et le prix supposé des produits tels que les donne M. Trottier. Il ne m'appartient pas du reste de vouloir juger ce différend : ce soin revient aux hommes pratiques, aux sylviculteurs. La question se résoudra d'ailleurs par les faits et l'expérience, non pas dans un sens unique, mais avec la diversité que comportent de telles évaluations : l'essentiel est qu'on soit assuré d'avance que le bois d'eucalyptus est destiné dans un avenir prochain à tenir une place considérable dans l'ensemble des productions de notre riche colonie.

Jules-Émile Planchon

Une autre question qui se résoudra par la pratique, c'est de savoir dans quels terrains le nouvel arbre sera le plus avantageusement planté. Au point de vue de l'assainissement et de la rapidité, de croissance, ce sont les terres basses, marécageuses et chaudes qui semblent lui convenir de préférence ; mais, comme, d'après les indications de M. Mueller, l'espèce dans ses forêts naturelles semble se contenter à la rigueur des terrains maigres et secs, on peut espérer en faire en Algérie une ressource pour les reboisements de montagnes ou des fonds arides. Tout en profitant, s'il y a lieu, de cette disposition de l'eucalyptus ù. braver la sécheresse et l'infertilité relative du sol, il ne faudrait pas néanmoins, sur le second point surtout, se faire trop d'illusions. Rien ne vient de rien, et les plantes même à tempérament de chameau ne s'accommodent de l'aridité du désert qu'à la condition d'aller puiser profondément l'eau dont elles ont besoin pour végéter : ce qu'on peut dire à cet égard de l'eucalyptus, c'est qu'il résiste aux sécheresses d'été et profite des pluies d'automne, d'hiver et de printemps, partout où la douceur du climat lui permet de végéter sans interruption durant cette période.

C'est cette admirable continuité de végétation qui fait comprendre la fabuleuse rapidité de croissance de l'eucalyptus. Lorsque les racines plongent dans un terrain frais et fertile, comme au Hamma, près d'Alger, la croissance en hauteur des jeunes sujets peut atteindre en moyenne 0m,50 par mois (Hardy). A Cannes, un semis d'un an mis en place en mai atteint environ 6 mètres au mois de décembre suivant ; l'année d'après, même pousse de 6 mètres environ ; à partir de la troisième année seulement, cette impulsion commence à se ralentir, mais elle demeure assez forte pour qu'un sujet comme celui des frères Huber, à Hyères, planté en 1857, fût en 1872 un arbre de plus de 25 mètres de hauteur [11].

Ce n'est pas seulement comme producteur hâtif et fécond d'un bois utile que l'eucalyptus a déjà conquis une véritable célébrité ; l'hygiène, la médecine, y trouvent des ressources dont il nous reste à donner un aperçu général.

Section IV

L'arbre à la fièvre, tel est le nom vulgaire de l'eucalyptus dans la bouche du peuple de Valence (Espagne), et ce nom traduit la croyance générale aux propriétés de cet arbre contre les fièvres paludéennes ; mais il y a deux manières de combattre ces affections habituellement endémiques. On peut d'abord les attaquer préventivement dans leur cause par l'assainissement du pays : c'est le traitement hygiénique ; on peut ensuite les combattre directement et individuellement par des remèdes : c'est l'application thérapeutique des fébrifuges. Examinons sous ces deux aspects le rôle de l'eucalyptus.

C'est une observation ancienne que les pays où ce bel arbre forme naturellement des forêts sont en général très salubres ; mais on pouvait attribuer ce fait à l'influence du climat. M. Ramel, cédant peut-être à son insu à une partialité facile à comprendre pour son arbre favori, mit cet avantage sanitaire sur le compte de l'eucalyptus. De là sa première idée de l'action hygiénique de l'arbre, notion d'abord confuse et peu raisonnée, mais qui prit corps, dans son esprit à mesure que des plantations du *blue gum* dans les terrains marécageux de diverses parties du monde apportèrent à cette simple présomption le témoignage de preuves irrécusables. On a cité d'abord le Cap de Bonne-Espérance, où l'arbre australien, transporté par des colons de Victoria et de la Nouvelle-Zélande, aurait en deux ou trois ans rendu salubres des portions malsaines du pays ; l'expérience s'est faite ensuite en Espagne, où l'eucalyptus, introduit en 1860 par les soins de la Société d'acclimatation, prospère dans les provinces de Cadix, de Séville, de Cordoue, de Valence, de Barcelone ; la Corse, l'Algérie, dans leurs parties marécageuses, fournirent encore d'autres exemples du fait, observations d'autant moins suspectes qu'elles venaient de médecins habiles, notamment du docteur Carlotti.

L'action incontestablement salutaire des massifs d'eucalyptus peut s'expliquer par deux causes combinées, d'abord par un simple effet de dessèchement opéré dans le soi marécageux par la puissante succion des racines et l'exhalaison correspondante des feuilles, ensuite par les émanations balsamiques que les parties aériennes de l'arbre répandent à profusion dans l'atmosphère. Ces effluves, dont la base volatile est une huile essentielle, peuvent agir sur l'organisme à titre d'excitant général, et l'on sait combien les *circumfusa* de ce genre, par exemple les émanations aromatiques des pins, sont favorables à la santé et même curatives pour des maladies des voies respiratoires et des états de faiblesse appelant la médication tonique excitante. M. Gubler pense même que l'essence volatilisée de l'eucalyptus pourrait bien avoir une action directe et destructive sur les germes inconnus qui semblent liés aux miasmes paludéens, germes qui, pour des auteurs récents, ne seraient que des algues microscopiques, qui, pour d'autres, entreraient dans la catégorie mal définie des organites de nature animale. Quoi qu'il en soit de cette hypothèse, l'influence hygiénique de l'eucalyptus agissant pas masses n'en est pas moins établie, et c'est là pratiquement le fait capital qui recommande cette essence dans tous les pays où la fièvre exerce sa triste influence.

Ce n'est pas tout : sans être, à proprement parler, un antipériodique à la manière des quinquinas, l'eucalyptus semble, d'après les témoignages les plus authentiques, être un remède très efficace contre un grand nombre de fièvres intermittentes. Dès 1863, M. Ramel, bien qu'étranger à la médecine, prévoyait que telle serait l'action de l'arbre auquel il attribuait hardiment la salubrité de l'Australie méridionale. En 1863, étant à Valence pour visiter ses amis et ses enfants les eucalyptus, il disait à M. Ed. Wilson, en lui montrant les rizières pestilentielles : « Voilà le nid de la fièvre qui désole le pays, voilà la place de l'eucalyptus qui doit l'assainir. » Deux ans plus tard, un jardinier bien connu, M. Robillard, établi en Espagne, visitait le Muséum, où feu Newmann, son maître en horticulture, lui montrait comme une nouveauté l'*eucalyptus globulus*. « Une nouveauté, cela ! c'est bon pour vous, Parisiens, mais non pour les paysans de Valence ; chez eux, c'est déjà l'arbre populaire contre les fièvres ; on le connaît si bien qu'on en pille les feuilles, quand on peut, comme on ferait de reliques, et que, dans tel jardin public d'une grande ville, il a fallu mettre des gardes autour de l'arbre à la fièvre pour l'empêcher d'être dépouillé [12]. »

Aussi est-ce en Espagne que les premières expériences positives ont été faites sur les vertus fébrifuges de l'eucalyptus par le docteur Tristany ; consignées dans une publication peu répandue, *el Compilador medico* (1865), ces observations furent mentionnées dans la presse médicale, et, confirmant la réputation déjà populaire du nouveau remède dans les provinces méditerranéennes de l'Espagne, elles engagèrent un médecin français établi à Montevideo, feu le docteur Adolphe Brunel, de Toulon, à faire de l'eucalyptus l'objet de sérieuses expériences cliniques. Mort subitement à Paris en octobre 1871, l'auteur ne put lui-même publier les résultats de cette étude ; mais sa famille remplit pieusement ce devoir, ajoutant ainsi un titre de plus à l'œuvre estimable du biographe d'Aimé Bonpland. Dans l'intervalle, des recherches de MM. Gimbert à Cannes, Carlotti et Tedeschi en Corse, P. Marès, Miergues, en Algérie, Gubler, Lenglet, à Paris, Lorinser à Vienne, G. Sacchero en Sicile, Castan à Montpellier, et de bien d'autres encore, mettaient hors de doute, dans l'ensemble au moins, les propriétés fébrifuges du nouveau médicament. En outre des propriétés fébrifuges de l'eucalyptus, on peut en signaler les vertus désinfectantes, antiseptiques contre les plaies : il agit à la fois dans ce cas à titre de tonique astringent par le tannin de ses feuilles et de stimulant par son huile essentielle. A l'extérieur, comme topique, les feuilles poussent à la cicatrisation des blessures ; à l'intérieur, l'infusion des feuilles à faible dose remplace le thé comme boisson hygiénique et stimulante. Convenablement appliqué, l'eucalyptus est utile dans certaines formes des maladies des voies respiratoires ; enfin, bien que l'action des cigarettes dans ces derniers cas ne soit pas établie avec une évidence aussi absolue, cette forme de médication est recommandée par M. Ramel avec une confiance que nous désirons voir justifiée. Comme calmant de la toux et de l'oppression, Prosper Mérimée, dans sa dernière maladie à Cannes, en avait, dit-on, éprouvé les bons effets.

Le côté pharmaceutique de la question ne saurait être qu'effleuré dans une esquisse d'où les détails techniques sont exclus. Infusion, décoction, poudre, feuilles appliquées en nature, eau distillée, teinture, extrait, essence en nature ou en globules, tout cela se trouve décrit avec ses nuances dans les études d'ensemble de Fernand Papillon, de MM. Taillotte et Heckel, qui énumèrent également les principes immédiats que la chimie a su extraire des divers organes de l'eucalyptus. Le mieux défini, le plus curieux de ces principes, c'est l'*eucalyptol*, produit volatil retiré par M. Cloëz en 1870. de l'huile essentielle d'eucalyptus, et d'où le même chimiste, préparateur au Muséum de Paris, a fait dériver par l'action de l'acide phosphorique anhydre deux autres corps appelés *eucalyplène* et *eucalypiolène* ; mais l'intérêt de ces corps est surtout chimique ; l'huile

Jules-Émile Planchon

essentielle brute, obtenue avec grande facilité par distillation aqueuse des feuilles et de toutes les parties de la plante, est un produit usuel dont M. le docteur Gimbert a étudié avec soin les propriétés physiologiques, c'est-à-dire l'action sur l'organisme sain, en même temps que l'application à l'organisme malade. Toxique à haute dose pour les animaux, d'abord excitante, puis calmante quand on l'emploie à la dose voulue, elle semble exercer son action sur les cellules postérieures de la moelle épinière, apportant ainsi des modifications dans les fonctions respiratoires, circulatoires et calorifiques qui sont en partie sous la dépendance de cette région nerveuse. La présence d'une huile essentielle, analogue, au moins par l'un de ses principes (l'eucalyptol), aux camphres de Java et de Bornéo, aux essences de menthe poivrée, de cajeput, explique très bien une partie des propriétés de l'eucalyptus (action stimulante, hyposthénisante, antiseptique, effets sur les muqueuses, la circulation, les vomissements des cholériques, etc.) : le tannin et la résine expliquent l'action tonique et astringente ; mais, pour se rendre compte de l'action fébrifuge de cette plante, on a naturellement recherché un principe spécial qu'on a soupçonné pouvoir être un alcaloïde. M. Carlotti croit même avoir isolé ce corps en l'extrayant par l'acide sulfurique d'une substance résinoïde analogue à la résine de quina ; mais les recherches ultérieures de M. Bordo, de M. Taillotte et d'autres pharmaciens n'ont pu faire retrouver ce produit, que le docteur Carlotti lui-même avouait n'avoir pu obtenir bien épuré. Il y a donc sur ce point une lacune à combler, comme il y en a dans les analyses de l'eucalyptus faites par M. Adrien Sicard, MM. Vauquelin et Luciani et M. Weber.

L'essence d'eucalyptus est déjà entrée dans le domaine de la toilette à titre de vinaigre aromatique, d'alcoolat parfumé : comme toutes les huiles volatiles très odorantes, elle est trop forte et plus ou moins déplaisante, respirée en masse ; une fois diluée, l'arôme s'adoucit et persiste très longtemps avec un caractère *sui generis*, mais qui tiendrait, dit-on, du camphre, du laurier et de la menthe poivrée. M. Ramel l'a fait entrer dans des bonbons très agréables recommandés contre la toux et les affections chroniques des bronches.

L'*eucalyptus globulus* n'est pas le seul arbre de ce genre qui renferme une essence odorante : toutes les myrtacées ont leurs organes remplis de petits réservoirs d'huile volatile ; les eucalyptus en particulier en renferment tous des quantités variables, dont les odeurs caractéristiques servent à la dénomination vulgaire de l'arbre. C'est ainsi que le plus gros des eucalyptus, l'*eucalyptus amygdalina*, s'appelle *tasmannian peppermint*, menthe poivrée de Tasmanie, — l'*eucalyptus odorata, peppermint* ou menthe poivrée tout court. Les usages économiques de ces essences sont en ce moment à l'étude comme dissolvants de matières résineuses et même comme huiles à brûler à la façon du pétrole [13].

Les résines sont également des produits très ordinaires des nombreuses espèces d'eucalyptus, et les noms de *gum trees*, arbres à gomme, ou plus spécialement de gommier rouge, blanc, bleu, etc., se rapportent à cet ordre de produits. D'autres noms vulgaires, comme *stringy bark*, écorce fibreuse (*eucalyptus obliqua*, L'Héritier, la première espèce décrite du genre), *iron bark*, écorce de fer, font allusion à d'autres caractères sur lesquels une étude complète de ce vaste groupe d'arbres révélerait de très curieux détails.

Mais il est temps de terminer cette esquisse, bornée à dessein au gommier bleu de la Tasmanie. Seul entre ses nombreux congénères, il a vraiment pris pied en Europe, en Asie, en Afrique, en Amérique, partout où la culture de cette plante est compatible avec le climat. C'est le rare exemple d'un arbre vraiment australien devenu citoyen du monde de par le droit de l'utilité et de la beauté. Déshéritée du côté de la faune indigène et privée d'arbres à fruits, longtemps déserte ou nourrissant avec peine quelques misérables habitants, l'Australie, entrée il y a moins d'un siècle dans le courant de la civilisation générale, s'est peuplée de nos céréales, de nos fruits, surtout de nos animaux domestiques : elle nous envoie déjà avec son or les laines, la viande des moutons, des bœufs d'Europe nourris dans ses immenses pâturages ; elle a rempli nos orangeries de ses plantes bizarres à fleurs brillantes. Aujourd'hui sa flore tout entière semble vouloir se faire de l'Algérie et de la région méditerranéenne de l'oranger une seconde patrie ; mais au-dessus de ces légions d'arbustes qui lui forment en quelque sorte cortège, l'eucalyptus se dresse et s'élance avec une puissance souveraine. Tout jeune, le *bel arbre bleu* [14] est un type achevé d'élégance ; à peine adulte, il représente la force, il marque une nouvelle, étape dans ce mouvement de progrès qui répand sur le monde entier les richesses longtemps confinées en des régions isolées. L'homme, ce roseau pensant, est décidément quelque chose dans sa demeure, puisque la nature lui livre peu à peu pour sa jouissance ou ses besoins les êtres qu'elle semblait n'avoir créés que pour eux-mêmes, pour le désert, pour l'existence libre et sauvage : nous les faisons nôtres en leur ouvrant par la culture la voie des migrations et des destinées inattendues ; chaque conquête de ce genre est un pas vers la domination pacifique du monde par l'humanité.

Notes

1.   J'entends ici par phyton l'élément végétal dont la partie inférieure ou tigellaire (hypophylle), fondue dans l'axe (rameau) avec les hypophylles des autres phytons, se termine extérieurement par la feuille proprement dite (pétiole et limbe), c'est-à-dire par ce que la plupart des botanistes appellent appendice ou phylle. Il va sans dire d'après cela que ce phyton peut être cotylédon, ou feuille, ou bractée, ou sépale, ou pétale, ou étamine, ou carpelle, suivant les régions de l'axe de la plante où il se trouve. Cette manière de représenter, au point de vue purement morphologique, l'être complexe et multiple appelé vulgairement un pied de plante, n'implique d'ailleurs de ma part aucune adhésion à la partie anatomique et physiologique de la théorie de Gaudichaud, notamment à son idée que les fibres ligneuses descendent, des feuilles pour constituer le nouveau bois.

2.   C'est même de cette ressemblance avec un bouton que Labillardière a tiré le nom de globulus. Ce fruit singulier donne plutôt l'idée d'une petite urne que d'un bouton. La forme est celle d'un cône renversé, relevé de quatre côtes saillantes, légèrement évasé sur le bord et creusé sur le milieu de quatre loges qui s'ouvrent par de larges fentes rayonnantes séparées par autant de languettes triangulaires. Avant la floraison, cette partie inférieure du calice, qui devient le fruit, portait un couvercle conique rugueux, épais, représentant aux yeux de quelques botanistes la partie supérieure du calice et pour d'autres une corolle à pétales soudés. En tout cas, c'est ce couvercle recouvrant et cachant longtemps les étamines qui a valu au genre le nom d'eucalyptus, de deux mots grecs qui signi-

fient « je cache bien. »

3.	Je supprime ici la suite de ces détails descriptifs, mais je tenais a noter le fait que dans l'eucalyptus globulus, tel que Labillardière l'a vu, les fleurs sont en effet solitaires à chaque aisselle de feuilles. Dans les échantillons authentiques de cet auteur, conservés au musée de Florence, où j'ai pu les consulter, ce caractère se retrouve, sauf que, par une circonstance anormale, un petit rameau latéral se termine par trois fleurs. Parmi les arbres cultivés en Europe sous le nom d'eucalyptus globulus, il en est un qui ressemble au type par le feuillage, mais qui s'en distingue par des fleurs et des fruits bien plus petits, portés trois par trois aux aisselles des feuilles par un très court pédoncule. C'est à cette espèce que M. Thuret, dans son magnifique jardin d'Antibes, donne le nom d'eucalyptus pseudo-globulus. Ce n'est pas ici le lieu de le décrire, mais je devais au moins le signaler, pour éviter la confusion avec le globulus véritable, auquel beaucoup d'auteurs sans doute ont dû le rapporter comme simple variété.

4.	Voyez sur la vigne en Australie une intéressante note de M. Ramel, Bulletin de la Soc. d'acclimat., novembre 1862. D'après un article du Journal of the Soc. of Arts, la production totale des colonies de l'Australie aurait été en 1872 de 87,131 hectolitres de vin.

5.	Ceci soit dit sans vouloir diminuer l'importance du jardin botanique de Sidney, longtemps le seul ou le principal de la colonie ; mais la prépondérance est aujourd'hui passée à Melbourne, depuis surtout que les publications botaniques de M. Mueller (Fragmenta phytographiœ Australiœ, 7 vol. in-8°, et Plants indigenous to the colony of Victoria, in-4° avec planches) en ont fait un véritable centre scientifique pour la botanique australienne.

6.	Je ne veux pas traiter avec détail ici cette question si délicate des modifications graduées que le climat exercerait à la longue sur la descendance des plantes importées par l'homme. Entre les partisans de l'immutabilité absolue de l'espèce dans ces conditions et les partisans de la variabilité très large se placent ceux qui reconnaissent en théorie la possibilité de création de variétés ou de races de mieux en mieux adaptées aux climats nouveaux, qui constatent même la chose en fait encore dans notre période actuelle de la vie du globe, mais qui renferment ces variations dans des limites très étroites, et n'admettent de changements plus profonds qu'en ce qui concerne les types dérivés de périodes géologiques antérieures. C'est dans cet ordre d'idées que je me rattache absolument aux opinions d'un juge très autorisé, M. Alphonse de Candolle. « Les qualités physiologiques (des plantes) changent à la longue, lorsque les conditions extérieures ont changé et que l'espèce n'en a pas été frappée au point de périr. On est obligé de l'admettre d'après la succession des flores ; mais la culture des plantes nous prouve aussi que les modifications physiologiques à l'égard des climats sont plus rares, plus difficiles à obtenir que celles des formes. Examinez le catalogue d'un grand établissement d'horticulture, vous y verrez quelques variétés précoces ou tardives qu'on peut attribuer à une manière particulière de sentir la chaleur, plus rarement des variétés qualifiées de rustiques, c'est-à-dire supportant bien le froid, et un nombre dix ou vingt fois plus considérable de variétés de formes ou de couleur. » Alph. de Candolle, dans son remarquable travail intitulé Constitution dans le règne végétal de groupes physiologiques applicables à la géographie botanique ancienne et moderne, mai 1874.

7.   Ces boutons, si caractéristiques, sont décrits d'une manière piquante par M. Clamageran dans son intéressant volume intitulé l'Algérie. « Le bouton se compose d'un cône renversé, divisé par quatre arêtes saillantes et fermé par un gros couvercle muni d'une pointe au sommet ; de petites rugosités, saupoudrées de matière blanche, hérissent la surface. On dirait un fragment de roche alpestre couvert d'une fine couche de neige. »

8.   C'est en 1857 que M. Ramel apporta à Paris, de son premier voyage on Australie, des graines d'eucalyptus globulus : elles furent distribuées au Muséum et à la Société d'acclimatation ; mais le Muséum en avait reçu les graines de M. Mueller en 1856.

9.   Voici, d'après M. Mueller (Report on the resources of Victoria, 1860), les dimensions d'un eucalyptus globulus, mesuré dans une vallée près du mont Wellington, en Tasmanie : circonférence près de la base 29m,25, id., à 1m,60 au-dessus du sol, 22 mètres, à 2m,60 du sol 20m,20, à 6m,80 du sol 8m,20, hauteur approximative de l'arbre 98 mètres. En calculant par analogie, la tige devait compter 800 couches ou anneaux concentriques répondant

à autant d'années d'âge.

10.   La progression donnée par M. Trottier est la suivante :

Un hectare ex-ploité	produit brut
à 5 ans	1,200 fr.
à 10	5,254 fr.
à 15	11, 798 fr.
à 20	25,366 fr.
à 26	53,254 fr.

Je suppose que chacune de ces périodes porte sur un hectare exploité et coupé en bloc, tandis que les chiffres de M. Cordier représentent l'exploitation continue du même hectare.

Dans un rapport lu en mars 1868 à la Société d'agriculture d'Alger, M. Trottier établissait ses calculs sur le rendement de l'eucalyptus de la façon suivante : un hectare planté en eucalyptus peut contenir 500 arbres. Si l'on a bien opéré, tous auront un diamètre de 20 centimètres à 2 mètres au-dessus du sol au bout de trois ans. Les bois de cette dimension pourront être vendus à 5 francs le mètre. Or la première éclaircie produirait 2, 500 francs ; à huit ans, le reste de la plantation aura les dimensions propres aux travaux de chemins de fer, et chaque arbre pourra atteindre le prix de 20 francs ; un hectare d'eucalyptus aurait donc donné on huit ans un produit brut de 6,200 francs. Seulement je ne comprends pas trop comment, l'hectare n'ayant que 500 arbres au début, on a pu en élaguer assez à trois ans pour en retirer 2, 500 fr., et en laisser assez pour que le reste cinq ans après produise 3,700 fr. Il faudrait pour cela qu'on eût laissé 185 baliveaux. M. Gimbert, de son côté, fait le raisonnement suivant : la valeur totale des futaies en France est de 4,137,995,228 francs. L'état coupe les futaies lorsqu'elles ont cent, cent cinquante ou deux cents ans d'âge, les communes les exploitent d'un siècle à l'autre ; les particuliers au contraire les livrent au marché après une période de soixante-dix ans en moyenne. Admettons qu'en moyenne toutes les futaies soient coupées à cent ans ; l'eucalyptus, pendant la même période, serait coupé cinq fois, c'est-à-dire tous les vingt ans. La valeur du produit des futaies serait donc quintuplée. Mais il est clair que ce calcul ne s'applique qu'à une infime partie du territoire de la France, l'eucalyptus ne pouvant vivre que dans des localités très restreintes du littoral méditerranéen. Pour ce qui est de la Corse, M. Regulus Carlotti estime que, si l'état en peuplait une grande partie d'eucalyptus, à la fin de la huitième année la plantation donnerait un bénéfice net de 1,295,000 francs. Enfin M. E. Lambert, inspecteur dos forêts à Alger en retraite, dans un travail publié en 1873, évalue à 34,121 francs le produit d'un hectare, en portant à dix ans la révolution adoptée. « Si la régénération a lieu par voie de semis artificiels, les frais sont de 666 fr. par hectare ; si l'on procède par plantation, ils s'élèvent à 2,131 francs. C'est, dans le premier cas, un placement à 51 pour 100, dans le second à 16 pour 100. » On remarquera que les rendements présumés de M. Lambert sont très supérieurs encore à ceux de M. Trottier. Je cite les chiffres, reconnaissant mon incompétence à les discuter.

11.   Voici ce que m'écrit M. Ramel de Hussein-Dey, près d'Alger, en date du 4 mai 1874 : « J'ai chez moi près de 14,000 eucalyptus globulus plantés de mars en avril dernier. En vue de la production des feuilles, je les ai serrés à 1 mètre, 1 mètre 1/2, 2 mètres 1/2. C'est splendide à voir ! J'en ai mesuré un qui a 4m,20 de hauteur, 3m,75 d'envergure et 0m,25 de tronc ou circonférence. Il a été semé en janvier 1873, planté le 25 mars 1874. »

12.   Je tiens ces détails de M. Ramel. M. Ed. Wilson, son compagnon de voyage en Espagne, est un des hommes dont le nom se trouve mêlé à tous les progrès de la colonie de Victoria. M. Ramel rappelle, dans son style imagé et enthousiaste, le Benjamin Franklin de l'Australie.

13.   Consulter sur ce sujet F. Mueller, Victorian exhibition, Indigenous vegetable, Melbourne 1862, in-8°.

14.   La couleur bleu glauque de l'eucalyptus frappe tellement les yeux que, lorsque dans l'hiver de 1862-1863 on rentra en orangerie le remarquable exemplaire du square du Temple, les habitants des quartiers qui en avaient joui tout l'été réclamaient leur « bel arbre bleu. » Le premier sujet que les Parisiens aient pu voir en dehors des orangeries fut mis en pleine terre à la Muette en mai

1861, et poussa merveilleusement jusqu'aux premiers jours d'octobre, où il mesurait 4m,20, s'étant allongé de 3 centimètres par jour dans le courant de septembre.

ISBN : 978-1544004860

Jules-Émile Planchon

www.ingramcontent.com/pod-product-compliance
Lightning Source LLC
Chambersburg PA
CBHW051826170526
45167CB00005B/2176